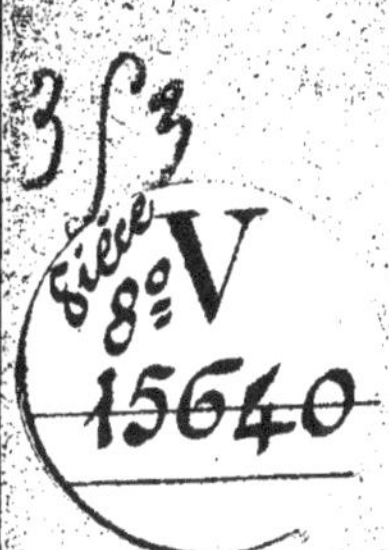

VARIATIONS

DE LA

RÉSISTANCE ÉLECTRIQUE

DU NICKEL

DANS LES

CHAMPS MAGNÉTIQUES

PAR A. JUPEAU

TOURS
IMPRIMERIE DESLIS FRÈRES

1906

VARIATIONS

DE LA

RÉSISTANCE ÉLECTRIQUE

DU NICKEL

VARIATIONS

DE LA

RÉSISTANCE ÉLECTRIQUE

DU NICKEL

DANS LES

CHAMPS MAGNÉTIQUES

PAR A. JUPEAU

TOURS
IMPRIMERIE DESLIS FRÈRES

1906

I

HISTORIQUE

Depuis une trentaine d'années on sait que l'action d'un champ magnétique modifie la résistance électrique des métaux et, en particulier, celle des métaux magnétiques dont je m'occuperai seulement ici.

Pour la première fois, lord Kelvin observa que l'aimantation temporaire du fer et l'aimantation permanente de l'acier, dans le sens longitudinal, augmente sensiblement leur résistance.

W. G. Adams [1] trouve qu'une aimantation longitudinale ou transversale diminue la résistance de l'acier dur et augmente celle du fer. Il trouve que dans l'un et l'autre cas la variation est proportionnelle au carré de l'intensité du courant magnétisant.

De Lucchi [2], en 1882, étudie les variations de résistance du fer, du nickel et du cobalt, placés dans des champs magnétiques. Il constate que la résistance augmente dans le sens de l'aimantation et diminue dans une direction perpendiculaire. Mais ses conclusions ne sont pas très fermes, et il pense que les variations observées sont du même ordre de grandeur que celles qu'on devrait attendre par suite du changement de dimensions résultant de l'aimantation.

1. Adams, *Phil. Mag.*, 1876, t. I, p. 153.
2. De Lucchi, *Atti del R. Ist. Veneto*, 1882, t. V, p. 17; — *Journal de Physique*, 2e série, t. III, p. 148.

Faé[1] étudie, en 1888, différents métaux et alliages, notamment le fer, nickel et cobalt. Pour le fer, il indique toujours une augmentation de résistance ; pour le nickel et le cobalt, une augmentation de résistance quand le courant est parallèle aux lignes de force magnétique et une diminution dans une direction perpendiculaire.

Les expériences de Goldhammer[2] concordent avec celles de Faé, sauf pour le fer, qui se comporterait d'après lui comme le cobalt et le nickel. Il employait des plaques de métal et opérait à l'aide du pont de Wheatstone. Pour obtenir une variation, il plaçait toujours les plaques parallèlement aux lignes de force ; avec des plaques placées perpendiculairement, la conductibilité n'était pas modifiée.

Von Wyss[3], en 1889, confirme les résultats de Goldhammer en ce qui concerne le fer et un courant parallèle aux lignes de force. Il comparait la résistance d'un fil de fer placé au centre d'une bobine magnétisante à celle d'un fil identique placé au centre d'une deuxième bobine identique à la première, mais dont le fil formait deux couches de sens inverse. De la sorte les deux fils s'échauffaient de la même façon.

Cantone[4] expérimente avec des fils de nickel et de fer et un électro-aimant. Les résultats étaient assez discordants ; mais, ayant repris les mêmes expériences avec

1. Faé, *Il Nuovo Cimento*, t. XXI (1887), p. 54 ; t. XXIII (1888), p. 50.
2. Goldhammer, *Journal de la Société physico-chimique russe* (1887), t. XIX, p. 145 ; — *Wied. Ann.*, t. XXXVI (1889), p. 804.
3. Von Wyss, *Wied. Ann.*, t. XXXVI (1889), p. 447.
4. Cantone, *Il Nuovo Cimento*, t. XXXII, p. 55.

des rubans, il arrive aux mêmes conclusions que Goldhammer.

Hurmuzescu[1] emploie des fils enroulés sur une bobine plate qu'il place entre les pièces polaires d'un électro-aimant. Contrairement aux auteurs précédents, il trouve toujours une augmentation de résistance, le courant étant perpendiculaire aux lignes de force magnétique.

Beattie[2], en employant des feuilles minces obtenues par voie électrolytique sur des lames de verre platiné, arrive à des résultats qualitatifs analogues à ceux de Cantone et de Goldhammer. Il trouve que, pour le nickel, la variation de résistance dépend beaucoup de l'échantillon considéré, mais que, toujours, elle semble tendre vers un maximum.

A. Gray et Taylor Jones[3], contrairement à Goldhammer, trouvent pour le fer des variations de résistance sensiblement proportionnelles à la quatrième puissance de l'aimantation.

J.-J. Thomson[4] croit qu'un champ magnétique transversal doit toujours augmenter la résistance métallique. Suivant ses indications, Patterson fait de nombreuses expériences, mais aucune ne porte sur les métaux magnétiques.

Williams[5] compare les changements de résistance d'un fil de nickel placé dans une bobine magnétisante

1. Hurmuzescu, *Archives de Genève*, 1897, p. 540.
2. Beattie, *Ph. Mag.*, t. XLV, 1898, p. 243.
3. A. Gray et E. Taylor Jones, *Proceedings of the Royal Society*, t. LXVII (1900), p. 208.
4. J.-J. Thomson, *Ph. Mag.*, t. III (1902), p. 352 et 643.
5. Williams, *Ph. Mag.*, t. IV (1902), p. 430; t. VI (1903), p. 693.

à son changement de longueur. Les deux courbes obtenues avaient à peu près la même allure. De ses expériences il conclut que la résistivité croît de 0,015 jusqu'à un champ de 1.500 gauss, puis qu'elle décroît jusqu'à un champ de 10.000 gauss des 3/4 de cette augmentation. Williams constate de plus l'existence d'un certain effet résiduel.

Barlow[1] fait, en 1904, des expériences analogues et constate pour le nickel une variation qui demeure constante entre des champs variant de 1.000 à 11.000 gauss.

II

CRITIQUE

Si, nous occupant seulement du cas du nickel, nous examinons les résultats des précédentes expériences, il nous faut distinguer deux cas :

1° Le cas d'un courant parallèle aux lignes de force magnétique ;

2° Le cas d'un courant perpendiculaire aux lignes de force magnétique.

Dans le premier cas, les résultats trouvés par les expérimentateurs déjà cités sont tous concordants qualitativement. Tous trouvent une augmentation de résistance quand le champ croît. Si l'on se place au point de vue quantitatif, les expériences de Williams et

1. Barlow. *Proceedings of the Royal Society*, t. LXXI, p. 30.

Barlow constituent de bonnes déterminations du phénomène.

Dans le dernier cas, on est loin d'avoir la même concordance. Non seulement l'allure de la variation change avec les expérimentateurs, mais le sens lui-même. Goldhammer trouve une augmentation proportionnelle au carré de l'aimantation. Gray et Jones donnent cette variation comme proportionnelle à la quatrième puissance de l'aimantation. Barlow arrive à une formule empirique où entrent les puissances paires de l'intensité d'aimantation jusqu'à la sixième. Alors que ces expérimentateurs trouvent une diminution de résistance, Hurmuzescu semble arriver à une augmentation.

On a donc là d'assez grandes discordances que je vais chercher à expliquer. J'ai d'abord à signaler l'importance de la nature des échantillons expérimentés. Le défaut d'identité suffirait presque à lui seul à expliquer bon nombre de divergences. On sait, en effet, que les moindres traces d'impuretés ou d'oxydes contenus dans le métal suffisent pour changer considérablement sa résistance ainsi que ses propriétés : d'après Drude[1], le nombre des centres libres chargés électriquement diminue beaucoup et, par suite, la conductibilité ; il est bien difficile de s'affranchir de cette variété d'échantillons, et ce qu'on peut faire de mieux est simplement de rapporter les résultats trouvés à des échantillons bien déterminés dont on donnera la composition et la provenance.

Un deuxième facteur important de cette divergence

1. Drude. *Annalen der Physik*, t. I. p. 566 (1900) ; t. III. p. 369 (1900).

est la variété dans la forme des échantillons étudiés. Hurmuzescu expérimente sur des fils, alors que Cantone emploie des rubans et Beattie des pellicules. Il n'est donc pas étonnant que les résultats obtenus ne soient pas comparables. Nous avons en effet, dans chaque expérience, une valeur différente du facteur démagnétisant et, à ce point de vue, les résultats de Hurmuzescu doivent être considérés comme mauvais. Opérant avec des fils, il avait un champ démagnétisant intense, presque du même ordre de grandeur que le champ magnétisant, d'où il résultait un effet direct, très faible, de l'ordre des erreurs expérimentales. Il n'est pas surprenant qu'alors les causes d'erreur prennent une importance relative telle que le sens du phénomène observé soit changé par ces erreurs. Au contraire, dans les expériences de Cantone et surtout dans celles de Beattie, ce facteur démagnétisant était faible et diminuait très peu l'effet du champ magnétisant. Les expériences de Goldhammer confirment bien cette manière de voir, car ce physicien opérait avec des plaques et constatait une variation quand ces plaques étaient placées parallèlement aux lignes de force; au contraire, aucune variation quand elles étaient perpendiculaires à ces lignes. Dans le premier cas, le facteur démagnétisant est faible ; au contraire, dans le deuxième, sa valeur est importante.

Comme ces derniers expérimentateurs, j'ai opéré sur des rubans très minces, de façon à avoir un faible champ démagnétisant et, de plus, les pièces polaires de l'électro-aimant employé étaient presque en contact avec le ruban expérimenté, de manière à avoir un champ sensiblement uniforme, parallèle à la grande dimension du ruban. Si les formes expérimentées se prêtaient au calcul, on pourrait tenir compte de la valeur de ce facteur ; malheureusement il n'en est pas ainsi, et tout ce qu'on peut faire est de réduire son effet le plus possible.

Ces deux causes : variété des échantillons et valeurs très diverses du facteur démagnétisant, suffisent à expliquer la diversité des résultats obtenus.

Mais, à côté, il faut encore placer les erreurs dues aux méthodes de mesure. Celles-ci sont de deux sortes :

1° Mesure des résistances ;

2° Mesure des champs.

1° Pour mesurer les variations de résistance, presque tous les expérimentateurs ont employé le pont de Wheatstone, avec une méthode dans laquelle on amenait, au commencement et à la fin de chaque lecture, le galvanomètre au zéro.

Dans les mesures concernant un courant parallèle aux lignes de force, ils paraissent s'être suffisamment préoccupés des effets thermiques pouvant troubler considérablement le phénomène. Dans ce cas, ils se sont ingéniés soit à compenser ces effets comme von Wyss, soit à les détruire à l'aide d'un manchon liquide entourant le fil comme dans les expériences de Williams. Au contraire, dans le cas d'un courant perpendiculaire aux lignes de force, rien de semblable n'a été fait. On s'est contenté de faire des mesures, sans se préoccuper des changements de température. Or, en faisant des mesures pour lesquelles on ramène le galvanomètre au zéro, les intervalles de temps qui séparent les deux lectures sont notables et les effets thermiques peuvent avoir été très grands par rapport à la variation qu'on veut mesurer, surtout l'effet Joule. Dans la méthode que j'emploie, ces effets sont négligeables, car les lectures sont très rapides, et, dans l'intervalle de temps très petit qui sépare les deux lectures, la température peut être considérée comme constante sans erreur appréciable. Cette rapidité des mesures m'a paru le moyen le plus simple et le plus sûr d'éliminer les effets thermiques.

2° La mesure des champs était faite par la méthode d'induction. Dans le cas d'un courant parallèle aux lignes de force, cette détermination était précise, car on utilisait la partie médiane d'un solénoïde où ce champ est uniforme et bien déterminé. Mais, dans le cas qui nous occupe, cette mesure comportait des approximations assez grossières. C'est ainsi que Hurmuzescu déterminait les champs lorsque le fil expérimenté ne se trouvait pas entre les pièces polaires. Or, l'introduction du métal magnétique modifiait sensiblement le champ magnétisant, et les résultats ne pouvaient être rapportés à un champ bien déterminé.

J'ai opéré la mesure des champs en me servant de la spirale de bismuth. De la sorte, les déterminations pouvaient être faites le métal se trouvant entre les pièces polaires. Mais, pour les champs faibles, j'ai été obligé de recourir à la méthode d'induction, l'approximation de la première méthode étant insuffisante

III

EXPÉRIENCES PERSONNELLES

Mes expériences ont porté sur un ruban de nickel de 80 centimètres de long, $0^{cm},5$ de large et $0^{cm},01$ d'épaisseur. Le facteur $\frac{e}{l}$ de qui dépend le champ démagnétisant était donc environ $\frac{1}{50}$, d'où une faible valeur de ce champ. Ce ruban de nickel était enroulé en spirale, sa résistance initiale a été trouvée égale à $0^{ohm},136$. Ce nickel nous a été fourni par le Bureau international des Poids et Mesures, grâce à l'obligeance de M. Ch.-Ed. Guillaume.

Les champs magnétiques étaient produits par un électro-aimant Weiss. Ils ont varié de 0 à 7.400 gauss, la distance des pièces polaires étant 17 millimètres. Ces pièces polaires étaient cylindriques et avaient un diamètre de $6^{cm}.5$, alors que le diamètre de la spirale de nickel n'était que de $2^{cm},5$. Celle-ci, étant placée au centre des pièces polaires, se trouvait, par suite, dans un champ très sensiblement uniforme.

Les différentes spires étaient très suffisamment isolées à l'aide de toile isolante. Pour éviter toute dérivation possible du côté des pièces polaires de l'aimant, celles-ci étaient séparées de la spirale par deux minces feuilles de mica.

Enfin la spirale était supportée par une petite cale

isolante d'une épaisseur un peu supérieure à celle de la spirale. De la sorte, on était à l'abri des déformations possibles de la spirale sous l'influence des pressions exercées par les pièces polaires, lorsqu'on lance le courant magnétisant.

Le courant magnétisant était fourni par une batterie d'accumulateurs et, à l'aide d'un rhéostat, on pouvait faire varier l'intensité de 0 à 9 ampères.

I. — MESURE DES CHAMPS

J'ai employé successivement la spirale de bismuth et le galvanomètre balistique. Ces deux méthodes ont donné des nombres bien concordants, surtout pour les champs intenses.

Avec la spirale de bismuth, on opérait le ruban de nickel étant dans le champ, tandis qu'avec la méthode d'induction le nickel était enlevé. La concordance des résultats montre que la spirale de nickel ne modifiait pas d'une manière notable le circuit magnétique.

Dans les mesures de champ et dans les mesures de résistance, les champs ont toujours suivi la même marche. On employait une suite de champs d'intensité croissante avec retour au zéro dans les intervalles. Même pour les champs les plus intenses, ceux de 7.000 gauss, le champ résiduel n'atteignait pas 50 unités. Par ce procédé, les champs une fois mesurés étaient repérés sur l'ampèremètre, et, en mesurant les résistances, on pouvait reporter les variations à des champs bien déterminés.

La résistance de la spirale de bismuth était déterminée à l'aide d'une boîte à pont Carpentier.

Le tableau suivant résume toutes les déterminations faites à l'aide de la spirale de bismuth.

INTENSITÉS (1)	R_o (2)	R_c (3)	R_o' (4)	$R - R_o$ (5)	$\frac{R - R_o}{R_o}$	CHAMPS (6)
0,50	10,17	10,19	10,17	0,02	0,0019	270
0,75	10,18	10,21	10,17	0,035	0,0034	450
1	10,18	10,25	10,18	0,07	0,0068	610
1,25	10,17	10,29	10,18	0,115	0,0113	820
1,50	10,16	10,30	10,18	0,13	0,0127	1030
1,75	10,17	10,38	10,20	0,195	0,0191	1180
2	10,20	10,42	10,20	0,22	0,021	1330
2,75	10,20	10,59	10,19	0,395	0,038	1900
3,25	10,19	10,75	10,19	0,56	0,054	2240
4,25	10,20	11,04	10,24	0,82	0,080	2910
6	10,24	11,43	10,24	1,19	0,116	3800
8	10,24	11,75	10,21	1,525	0,140	4300
12	10,21	12,17	10,23	1,95	0,190	5230
15	10,23	12,50	10,23	2,27	0,220	5600
19	10,23	12,78	10,25	2,54	0,240	6100
24	10,25	13,02	10,23	2,78	0,270	6600
28	10,25	13,27	10,25	3,02	0,290	6950
32	10,23	13,38	10.25	3,14	0,300	7200
36	10,24	13,58	10,23	3,345	0,320	7450

1. Les intensités sont exprimées en quarts d'ampère.
2. Les résistances sont exprimées en ohms. — R_o est la résistance de la spirale en dehors du champ.
3. R_c est la résistance de la spirale dans le champ.
4. R_o' est la résistance de la spirale en dehors du champ après qu'on l'y a introduite.
5. Valeur moyenne de $R - R_o$.
6. Je n'ai donné pour la valeur des champs que le chiffre des dizaines, car celui des unités n'a aucune signification.

DÉTERMINATION DES CHAMPS A L'AIDE DU GALVANOMÈTRE BALISTIQUE

Le miroir du galvanomètre avait un grand rayon de courbure égal à 267 centimètres. La résistance de ce galvanomètre a été trouvée $508^{\text{ohms}},5$. On le shuntait par une résistance de 1.500 ohms; les fils réunissant les bornes du galvanomètre aux bornes du shunt avaient une résistance de $1^{\text{ohm}},5$.

A l'aide d'un accumulateur de force électromotrice de $1^{\text{volt}},93$, on chargeait un condensateur d'une capacité de 2 microfarads. Une clef de sabine permettait de charger très rapidement le condensateur et de le décharger dans le circuit du galvanomètre.

Ces données suffisent à l'étalonnage du galvanomètre et à la détermination de la constante galvanométrique K. En effet, on obtenait une déviation de 70 divisions, ce qui donne :

$$2 \times 10^{-15} \times 1,93 \times 10^{8} \times \frac{1500}{2010} = K \times 70,$$

d'où :

$$K = \frac{2 \times 1,93 \times 10^{8} \times 1500}{10^{15} \times 2010 \times 70}.$$

K représente la quantité d'électricité évaluée en unités électromagnétiques C. G. S. qui passent dans le galvanomètre quand il dévie d'une division.

La bobine exploratrice qui servait à évaluer le flux d'induction était formée d'un petit carré de carton épais d'environ 2 millimètres. Sur ce carton on avait enroulé 20 tours de fil, la surface moyenne des spires étant de $3^{cm^2},4$. Afin de ne pas changer la constante K déterminée plus haut, on avait introduit ces spires dans le circuit réunissant le galvanomètre à son shunt, et leur résistance est comprise dans le nombre $1^{ohm},5$ donné précédemment.

Les spires étaient placées, dans la détermination des champs, au centre des pièces polaires, à l'endroit même où l'on plaçait ensuite la spirale de nickel.

On a donc, pour déterminer H, l'équation :

$$\frac{20 \times 3,4 \times H}{2010 \times 10^9} = K \times \varepsilon,$$

ε étant la déviation observée sur l'échelle ; d'où :

$$H = \frac{2010 \times 10^9}{68} \times \frac{2 \times 1,93 \times 10^8 \times 1500}{10^{15} \times 2010 \times 70} \times \varepsilon$$

$$H = \frac{1,93 \times 3 \times 10^4}{68 \times 7} \times \varepsilon = 121,6 \times \varepsilon.$$

Le tableau qui suit résume les déterminations de champs faites avec cette méthode. Comme précédemment, on a négligé d'inscrire le chiffre des unités sans signification. Les intensités sont encore exprimées en quarts d'ampère.

INTENSITÉS	DÉVIATIONS	CHAMPS	INTENSITÉS	DÉVIATIONS	CHAMPS
0,25	1	120	8,25	36	4380
1	5	610	9,75	39	4740
1,50	8,5	1030	12	43	5230
2	11	1330	15,25	46,50	5650
2,50	14,5	1760	20	51,50	6260
3	17	2070	27	56,50	6870
3,75	21	2550	29	58	7050
4,25	24	2920	31	58,50	7110
4,75	27	3280	33	60	7300
5,75	31	3770	35	61	7420
6,75	33	4010			

A l'aide de ces données, on a construit la courbe des champs en fonction des intensités. Cette courbe permettait de déterminer facilement par la suite les champs correspondant à une intensité donnée.

II. — MESURE DES VARIATIONS DE RÉSISTANCE

Les variations de résistance étaient mesurées par une boîte à pont Carpentier.

Au début de chaque série de mesures, on réglait la résistance totale de la spirale et des fils la reliant à la boîte exactement à $0^{ohm},19$, le spoot étant au zéro de l'échelle. Puis, excitant le champ, l'équilibre était rompu et le spoot se déplaçait ; on notait cette déviation. De la sorte, cette dernière correspondait bien à la variation de résistance et on éliminait ainsi les erreurs systématiques dues au dispositif expérimental. De plus, n'étant pas obligé de rétablir un équilibre quand le champ était excité, les lectures se faisaient très rapidement, et par suite les effets thermiques étaient négligeables.

Pour être bien sûr que l'excitation du champ ne trouble pas les déviations du galvanomètre, on avait placé l'électro-aimant à une distance de 3 mètres du galvanomètre, de façon que les lignes de force magnétique soient parallèles au plan du cadre de ce dernier.

D'ailleurs, une expérience à blanc, la spirale de nickel étant en dehors du champ, n'avait donné aucun déplacement du spoot.

Ce déplacement, lorsqu'on excitait le champ, était

bien dû à la variation de résistance de la spirale de nickel.

L'observation du sens de la déviation indiquait le sens de la variation du changement de résistance. Toujours j'ai observé une diminution de résistance.

J'ai, de plus, remarqué que l'effet résiduel était inappréciable. En effet, dans la plupart de mes séries de mesures, le champ étant supprimé, le spoot revenait exactement à son point de départ. J'ai d'ailleurs rejeté comme douteuses toutes les séries dans lesquelles il n'en a pas été ainsi.

Cette remarque est avantageuse, car elle a permis d'employer des champs croissant avec retour au zéro dans les intervalles. Une erreur sur une mesure particulière n'entachait pas la suite des déterminations.

Pour établir la correspondance entre les déviations du spoot et les variations de résistance qu'elles représentaient, il suffisait d'enlever une fiche de la boîte et de lire la déviation produite. La boîte donnait directement le $\frac{1}{100}$ d'ohm et, comme l'enlèvement d'une fiche produisait une déviation de 125 divisions, on appréciait très facilement le $\frac{1}{10.000}$ d'ohm, ce qui correspond à une variation relative de l'ordre du $\frac{1}{2.000}$.

J'ai admis qu'il y avait proportionnalité entre la déviation et la variation de résistance ; autrement dit, qu'une déviation de 125 divisions correspondant à une variation de $0^{ohm},01$, 1 division correspondait à $0^{ohm},00008$. Pour me rendre compte du degré d'approximation de cette hypothèse, j'ai pris une résistance déterminée et, conservant dans le pont le même facteur de proportionnalité, j'ai déterminé l'équilibre; puis, enlevant successivement, une, deux, ..., fiches, j'ai obtenu des déplacements du spoot, l'équilibre étant rompu. J'ai ainsi vérifié que, jusqu'à 125 divisions, il y avait proportionnalité entre les déviations du spoot et les variations de résistance; donc, dans ces limites, on peut utiliser l'hypothèse faite plus haut, surtout si l'on remarque que les déviations maxima n'atteignent pas 25 divisions.

Le tableau qui suit donne les résultats de deux séries de mesures.

INTENSITÉS (1)	CHAMPS	DÉVIATIONS 1re série	DÉVIATIONS 2e série	$\frac{\Delta R}{R} \times 10^2 \times 13$[illegible] (2)
0,50	280	1	1	8
0,75	450	2,50	2,25	19
1	610	5	4,50	38
1,25	820	7,50	7	58
1,50	1030	10	10,50	82
1,75	1180	12	12	96
2	1330	13,75	14	111
2,50	1760	16,50	16,50	132
3	2070	17,50	17,50	140
4	2730	19	18,50	150
8	4310	20	20	160
12	5230	20,50	20,50	164
19	6100	21	20,50	166
26	6780	21	21	168
30	7090	21	21	168
34	7340	21	21	168

1. Les intensités sont exprimées en quarts d'ampère.
2. Valeurs moyennes.

Ces nombres permettent de construire la courbe suivante :

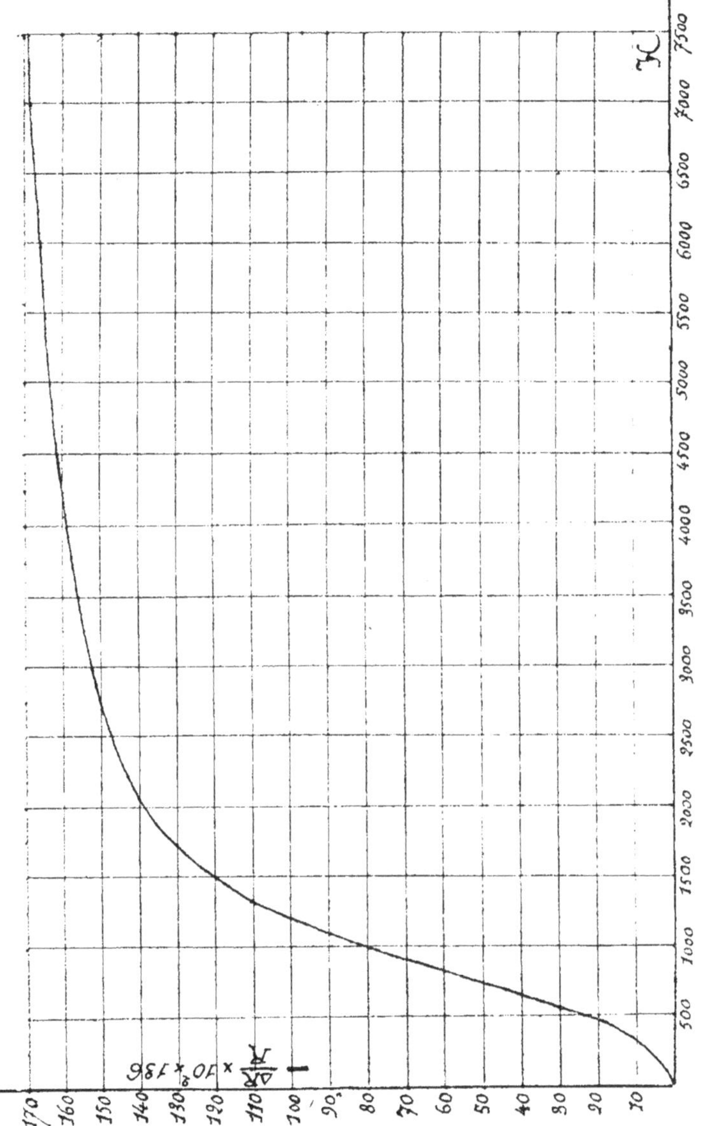

10
20
30
40
50
60
70
80
90
100
110
120
130
140
150
160
170
500
1000
1500
2000
2500
3000
3500
4000
4500
5000
5500
6000
6500
7000
7500

On voit que la diminution de résistance tend vers un maximum. La variation est rapide pour les champs croissant de 0 à 2.000; elle est lente ensuite et, à partir de 6.000 gauss, on n'observe plus de variation sensible. Pour les champs faibles, j'ai obtenu des écarts fortuits de $\frac{1}{10}$ entre les différentes séries de mesure. Pour les champs au-dessus de 2.500, ces écarts étaient de l'ordre du $\frac{1}{50}$.

La variation de la résistance avec la force magnétisante est analogue à celle de la fonction aimantation, mais la croissance est moins rapide dans le premier cas. La variation maximum est de l'ordre du $\frac{1}{80}$.

J'ai pu vérifier, comme l'ont trouvé différents expérimentateurs, que la variation ne dépend point du sens du champ magnétique. Mais le phénomène présente cependant une légère dissymétrie, et, si l'on change brusquement le sens du courant magnétisant, la variation augmente d'une manière sensible.

IV

INTERPRÉTATION

J.-J. Thomson[1] et Drude[2] ont donné une explication

1. J.-J. Thomson, *Comptes Rendus au Congrès international*, t. III.
2. Drude, *Annalen der Physik*, t. I (1900), p. 566; t. III (1900), p. 369.

de la conductibilité électrique des métaux. Ils considèrent les courants électriques dans un métal comme produits par des corpuscules chargés, constamment en mouvement. Lorsqu'on applique au métal une force électromotrice déterminée, la composante du mouvement suivant le champ électrique est modifiée, elle prend une valeur correspondant à un transport d'électricité dans un sens ou dans l'autre. Ces corpuscules ou électrons seraient en nombre variable suivant le métal considéré et, par des modifications chimiques ou physiques, il pourrait y avoir rétrogradation de la dissociation ou augmentation.

Tout électron en mouvement est équivalent à un courant et s'entoure d'un champ magnétique dont l'intensité est proportionnelle à sa vitesse et à sa charge, de telle sorte que, si on lui applique un champ magnétique, la vitesse de cet électron devra se ralentir, de façon à créer une variation du champ magnétique inverse de celle qu'on applique, et cela conformément à la loi de Lenz.

J.-J. Thomson en conclut que l'action d'un champ magnétique transversal doit toujours augmenter la résistance électrique des métaux.

A première vue, il semble donc que les résultats trouvés plus haut soient en contradiction avec cette théorie. Nous allons voir que cette contradiction n'est qu'apparente.

La variation de résistance que l'on constate est la résultante d'effets nombreux et complexes. Il importe de dégager, autant que possible, la part de chacun.

On sait, d'après de nombreux travaux et, en particulier, ceux de Nagaoka, Honda et Shimizu, que les substances magnétiques éprouvent des changements de dimensions lorsqu'on les place dans un champ magnétique.

D'autre part, cette variation de volume est accompagnée de phénomèmes thermiques très complexes, dus :

1° A l'hystérésis qui accompagne toute variation de l'aimantation. Lorsque le champ croît, il y a dégagement de chaleur ;

2° A la production de courants induits, dus également à la variation de champ, ce qui entraîne un nouveau dégagement de chaleur ;

3° Au phénomène d'augmentation de volume lui-même, qui entraîne une absorption de chaleur ;

4° Aux variations d'aimantation. En effet, si la perméabilité magnétique varie avec la température, l'application du principe de Carnot aux variations d'aimantation conduit à un phénomène thermique qui est un dégagement de chaleur dans le cas où la perméabilité décroît quand la température croît.

D'après M. Maurain [1], le dernier effet est négligeable pour le nickel et le fer à la température ordinaire. On peut remarquer avec le même auteur que l'absorption de la chaleur concomitante de l'augmentation de volume par aimantation se retranche du dégagement dû à l'hystérésis et aux courants induits.

Pour le nickel, M. Maurain opérant sur un cylindre de 50 centimètres de long et 1 centimètre de diamètre trouve que la chaleur provenant de l'hystérésis et des courants de Foucault est négligeable; au contraire, pour le fer, ce dégagement de chaleur est important

1. Ch. Maurain, *Comptes Rendus de l'Association française pour l'avancement des sciences : Congrès de Montauban* (1902), p. 276.

et est capable de produire une variation de volume du même ordre que le champ lui-même.

Donc, pour le nickel, on n'a pas à considérer les phénomènes thermiques. Les variations de résistivité dues aux variations de température sont bien au-dessus des limites des erreurs expérimentales. Il est vrai qu'il y faut joindre l'élévation de température due à l'effet Joule, élévation qui se manifeste au passage du courant lorsqu'on fait la mesure de résistance. Mais, ce courant étant très faible et passant pendant un temps très court, l'élévation totale de température est, au plus, de l'ordre du $\frac{1}{10}$ de degré. En prenant pour coefficient moyen de variation $\frac{5}{1.000}$, on a, de ce fait, une variation relative de résistance de $\frac{1}{2.000}$ beaucoup plus petite que celle constatée. Ces phénomènes thermiques viendraient simplement broder sur le phénomène que nous cherchons à mesurer sans en changer l'allure générale.

Si, de plus, nous remarquons que la résultante de ces effets thermiques est inverse de l'effet mesuré, nous pouvons très légitimement, dans une première approximation, les négliger.

Ainsi, on n'a plus à examiner que les effets de magnétostriction. Ces phénomènes ont surtout été étudiés par Nagaoka, qui a donné des courbes en traduisant l'allure[1]. En 1898 dans le *Philosophical Magazine*, en

1. Nagaoka, *Ph. Mag.*, t. XLVI (1898), p. 261 ; *Comptes Rendus au Congrès de Physique de* 1900, t. II, p. 536 ; *Comptes Rendus au Congrès de Saint-Louis*, 1904.

1900 dans les *Comptes Rendus au Congrès de Physique*, en 1904 dans les *Comptes Rendus au Congrès de Saint-Louis*, Nagaoka publie des courbes se rapportant à une dilatation. Ces résultats paraissent certains, ayant été confirmés par différents expérimentateurs et notamment par Rhoads.

Les deux faits que nous allons utiliser sont les suivants :

1° Un fil de nickel se contracte dans un champ magnétique ;

2° Le volume d'un ovoïde de nickel croît lorsqu'on le place dans un champ magnétique, et la variation relative $\frac{dv}{v}$ est inférieure à $\frac{5}{10^7}$ pour un champ de 200 gauss. Le phénomène peut être représenté par la courbe.

De ceci il résulte que la spirale de nickel qu'on employait se contractait dans le sens des lignes de force magnétique et se dilatait dans une direction perpendiculaire. La matière semblerait s'étaler dans des plans perpendiculaires aux lignes de force magnétique, le résultat final étant une augmentation de volume.

Il est bien difficile d'évaluer les changements de résistance dus à ces modifications. Cependant, si nous admettons, d'après les expériences de Chwolson[1], que le changement de résistance est environ quatre fois plus grand que celui qui résulterait du changement de volume, nous pouvons avoir une idée de l'ordre de grandeur de la variation de résistance.

1. Chwolson, *Carl's repertorium*, t. XVIII, p. 252 ; — *Journal de Physique*, t. I (1882), p. 573 ; —Mascart, *Electricité et Magnétisme*, t. II, p. 406.

En effet, nous pouvons mettre les choses au pis et supposer que la variation de volume porte uniquement sur une variation de section. Dans ce cas, on aurait pour un champ de 2.100 gauss une variation $\frac{ds}{s} 10^7 < 5$. Ce qui fait qu'en tenant compte de la remarque précédente et de la loi d'Ohm, on arrive à une variation relative de résistance de l'ordre de $\frac{5 \times 4}{10^7} = \frac{1}{500.000}$.

La magnétostriction produit bien une variation de résistance de même sens que celle mesurée, mais cette variation est incapable d'expliquer le phénomène constaté.

Il faut donc qu'il y ait influence directe du champ magnétique sur la conductibilité du nickel, influence se traduisant par une diminution de résistance.

Le problème est compliqué, car les substances ferromagnétiques comme le nickel sont des milieux très complexes.

M. Langevin [1] considère la matière comme une agglomération d'électrons en mouvement. En se déplaçant sur leurs orbites, ces électrons produiraient des champs magnétiques. Une molécule serait constituée par un ensemble d'électrons gravitant sur autant d'orbites distinctes. Si l'on envisage la création du champ magnétique, chaque courant particulaire pourrait être remplacé par un aimant élémentaire de moment :

$$M = eA ;$$

e, charge de l'électron ;
A, valeur moyenne de la vitesse aréolaire.

1. M. Langevin. *Journal de Physique*, octobre 1905, p. 684.

Selon son degré de symétrie, chaque molécule pourra avoir un moment magnétique résultant nul ou non nul.

Dans tous les cas, l'application d'un champ magnétique extérieur modifie la marche des électrons, et M. Langevin établit que la variation du champ qui en résulte est :

$$\Delta M = -\frac{He^2S}{4\pi m};$$

m, masse de l'électron ;
H, champ extérieur;
ce qui explique le diamagnétisme.

Dans le cas où le moment magnétique résultant est non nul, le diamagnétisme initial est masqué par l'orientation des aimants moléculaires. Il y a un mouvement d'ensemble qui conduit à un nouvel arrangement des molécules et à un accroissement du moment magnétique résultant. Si, en plus, nous supposons que les aimants moléculaires puissent réagir entre eux, nous sommes dans le cas qui nous occupe, le cas d'un corps ferromagnétique.

On voit donc que le milieu dans lequel voyagent nos électrons libres est un milieu extrêmement complexe.

Il est bien certain que la vitesse de ces électrons libres devra être diminuée par l'application d'un champ magnétique. Mais il est possible que le nouvel arrangement moléculaire qui succède à l'établissement d'un champ extérieur ait pour effet de simplifier les trajectoires de ces électrons, de telle sorte que cette simplification compense et au delà leur diminution de vitesse. D'où il en résulterait une diminution de résistance.

Enfin, il n'est pas absurde de supposer que ce nouvel arrangement soit accompagné d'une libération d'électrons, de telle sorte que, le nombre de centres libres augmentant, la résistance diminue.

Pour dire quelque chose de plus précis, il faudrait mieux connaître les arrangements moléculaires des substances ferromagnétiques ; il faudrait mieux connaître les actions s'exerçant de molécule à molécule.

Peut-être pourrait-on renverser l'ordre des idées précédentes et se servir du phénomène décrit plus haut. Celui-ci, bien débarrassé des causes perturbatrices, pourrait nous fournir des indications sur le magnétisme local, sur l'action réciproque des molécules magnétiques et sur leur répartition.

Travail fait au laboratoire de physique de la Faculté des sciences de Caen, sous la bienveillante direction de M. Maurain.

TABLE DES MATIÈRES

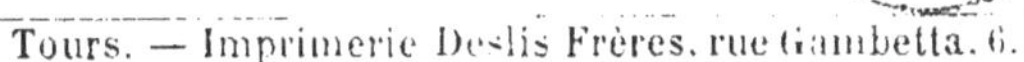

Tours. — Imprimerie Deslis Frères, rue Gambetta, 6.

www.ingramcontent.com/pod-product-compliance
Lightning Source LLC
LaVergne TN
LVHW050506160826
845677LV00003B/972

* 9 7 8 2 3 2 9 6 4 7 7 4 6 *